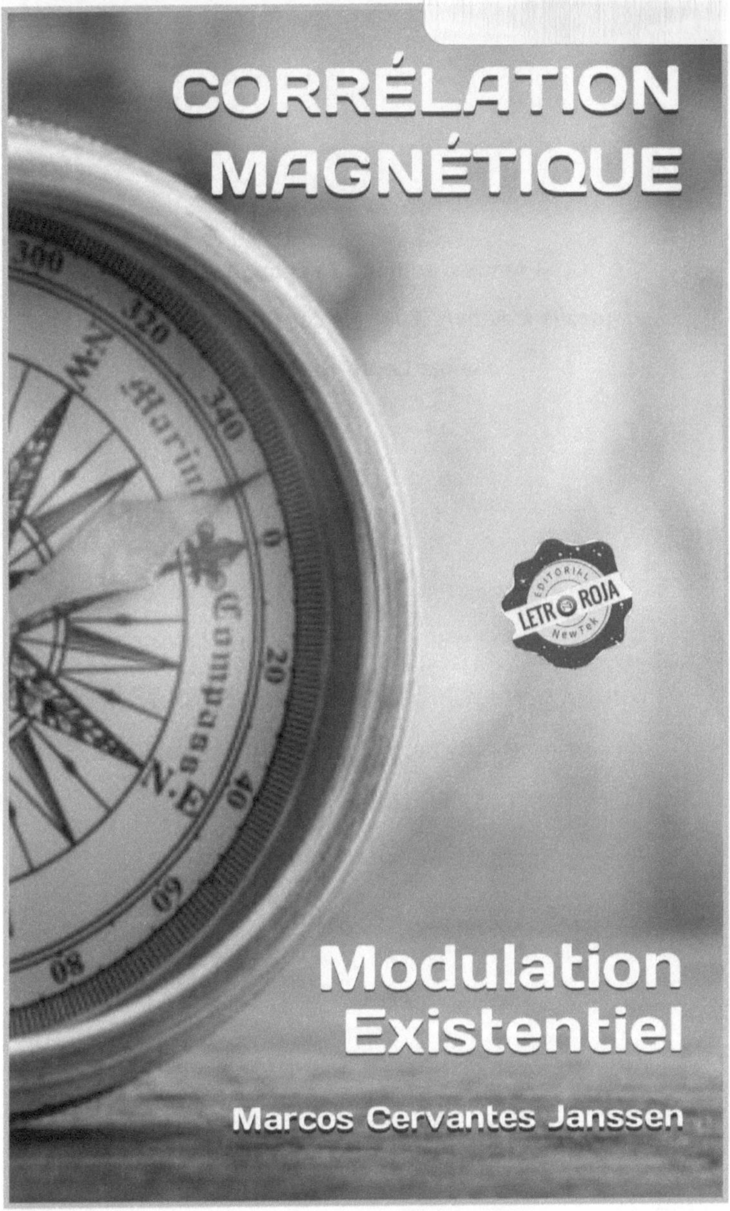

CORRÉLATION
MAGNÉTIQUE
EDITORIAL
LETRA ROJA
NewTek
Modulation
Existentiel
Marcos Cervantes Janssen

Première édition : 7 septembre 2023

droits d'auteur© 2023 Marcos Cervantes Janssen

Edité par Lettre éditoriale@roja

https://www.youtube.com/channel/UCQ12Xlt8oQOaWAhAiboXPUA

https://www.instagram.com/newtekjanssen/

https://www.facebook.com/LETRA3ROJA

https://www.newtek.janssen@gmail.com

https://twitter.com/Letra3Roja

https://newtekjanssen.es.tl/

letra3roja@gmail.com

CORRÉLATION MAGNÉTIQUE

Modulation Existentiel

Par : Marcos Cervantes Janssen.

INDICE:

AVANT-PROPOS :

La relation existentielle espace-énergie n'a de forme et de circonstance qu'en raison de la force magnétique qui la relie ; C'est sur cela que se concentre cet écrit, et les contributions collatérales seront d'un grand intérêt pour l'étude complète du sujet.

C'est pourquoi j'existe d'abord, et c'est pour cette raison que je suis conscient lorsque je pense.

L'existence est ce qui inclut l'individualité relative, dans l'éternité absolue, une absurdité pour la temporalité, plus une réalité que théologique pour l'éternité.

La polarisation dans le magnétisme donne vie à l'expression « modulation magnétique ». C'est la forme qui définit l'énergie qu'elle contient ; Disons que l'esprit d'une structure physique est appelé modulation magnétique.

La corrélation magnétique de tout ce qui habite cette existence est visible dans la cinétique constante du mouvement, et cette modulation est appelée évolution, lorsque ses systèmes prennent des formes plus efficaces à travers la chronologie existentielle.

L'obéissance à une évolution progressive est ce qui détermine la corrélation magnétique comme étant expansive et inclusive dans tout ce qui se manifeste.

Dans cet écrit, nous discuterons de la nature magnétique de l'existence et de sa modulation en tant que conscience évolutive dynamique. Je vous invite donc à prêter attention au message abstrait etdiscerner en toute liberté. Nous rechercherons la corrélation magnétique qui existe pour moduler notre existence, à des niveaux à la fois étudiables et non étudiables, dans le cadre de l'intuition créatrice.

1 - LA CORRÉLATION :

La corrélation est une mesure statistique qui indique la relation entre deux variables. Il est utilisé pour déterminer si une relation existe entre deux ensembles de données et, si oui, de quel type de relation il s'agit (positive, négative ou nulle).

La corrélation peut être calculée à l'aide de différentes méthodes, telles que le coefficient de corrélation de Pearson ou le coefficient de corrélation de Spearman.

En général, plus la valeur de corrélation est proche de 1 ou -1, plus la relation entre les variables est importante, tandis qu'une valeur proche de 0 indique qu'il n'y a aucune relation entre elles.

La corrélation magnétique fait référence à la relation entre le signal magnétique mesuré sur une image par résonance magnétique (IRM) et la structure anatomique du tissu.

Le signal magnétique est produit par l'interaction entre les champs magnétiques et les protons présents dans les tissus. La corrélation magnétique est utilisée dans l'interprétation des images IRM pour identifier différents types de tissus et de structures anatomiques.

Par exemple, la corrélation magnétique peut aider à identifier des tumeurs ou des lésions dans le cerveau ou dans d'autres organes. La corrélation **neutre** Il fait référence à l'absence de relation entre deux variables. Autrement dit, lorsque la corrélation entre deux ensembles de données est proche de zéro, on peut dire qu'il n'existe pas de relation significative entre eux.

Cela peut être utile dans certains cas, car cela peut indiquer que certaines variables ne sont pas liées et n'ont donc pas besoin d'être considérées ensemble dans une analyse ou un modèle. La corrélation **négatif** fait référence à une relation inverse entre deux variables, ce qui signifie que lorsqu'une variable augmente, l'autre variable a tendance à diminuer.

Un exemple de corrélation négative pourrait être la relation entre la durée du sommeil et le niveau de stress.

S'il existe une forte corrélation négative entre ces deux variables, il est alors probable que les personnes qui dorment moins d'heuresexpériences des niveaux de stress plus élevés.

La corrélation **positif** fait référence à une relation directe entre deux variables.

Cela signifie que lorsqu'une variable augmente, l'autre tend également à augmenter, et lorsqu'une variable diminue, l'autre tend également à diminuer.

En d'autres termes, les deux variables évoluent dans la même direction.

Un exemple de corrélation positive pourrait être la relation entre le nombre d'heures d'études et les notes obtenues à un examen : à mesure que le nombre d'heures d'études augmente, les notes obtenues augmentent également.

C'est ainsi que, connaissant ce que signifie corrélation, nous comprenons dans l'existence l'importance d'entrer en relation avec ceux qui nous semblent totalement contraires.

Il est intéressant de voir comment, dans toute notre réalité, les mathématiques nous aident à comprendre non seulement le monde matériel, mais aussi le monde émotionnel et mental dans lequel nous vivons.

2 - MAGNÉTISME :

Le magnétisme est une force fondamentale présente dans tout l'univers et essentielle à la compréhension de nombreux phénomènes cosmiques. Le magnétisme est présent dans les étoiles, les planètes, les galaxies et autres objets célestes.

Par exemple, le champ magnétique terrestre est ce qui nous protège du rayonnement solaire et cosmique, tandis que dans les étoiles, le magnétisme peut générer des éruptions solaires et d'autres événements violents.

En outre, les champs magnétiques peuvent également influencer la formation et l'évolution des structures cosmiques, telles que les galaxies et les amas de galaxies.

En résumé, le magnétisme est une force fondamentale qui joue un rôle important dans l'univers et son étude est essentielle pour comprendre de nombreux phénomènes cosmiques, ainsi que la vie elle-même sur cette belle planète.

Or, dans un univers pensant et intelligent, la gravité a aussi un comportement personnel, ainsi grâce à la psychologie nous pouvons comprendre notre existence de manière globale et devenir personnellement intimes avec l'existence dans laquelle nous vivons, dans un ensemble infini.

Le terme « magnétisme psychologique » fait référence à la capacité d'une personne à influencer les émotions, les pensées et les comportements des autres par sa présence, son langage corporel, ses capacités de communication et d'autres techniques psychologiques.

Le magnétisme psychologique peut être utilisé pour établir des relations interpersonnelles saines et efficaces, ainsi que pour persuader les autres d'adopter une certaine opinion ou un certain comportement.

Cependant, elle peut également être utilisée de manière manipulatrice ou abusive. Il est donc important d'utiliser cette compétence de manière responsable et éthique.

Ainsi, le magnétisme est un phénomène non seulement spatial ou physique, mais aussi psychologique, émotionnel et géré dans tous les domaines d'étude, qu'ils soient scientifiques ou même ésotériques.

La physique quantique révèle une forte corrélation entre le magnétisme scientifique et la vibration électro-spatiale de nos neurones. En pensant, cette étude est passionnante et puissante.

3 - TISSU NEURONAL ET SPATIAL :

Nos neurones sont disposés comme un tissu hautement communicant, c'est-à-dire avec une corrélation directe, de nature constante et flexible. Un fort flux d'énergie se rassemble, grâce à des forces enfin connues aujourd'hui, sous la forme d'un champ mental électromagnétique.

Ce champ structurel de données énergétiques se produit physiquement dans le va-et-vient de nos neurotransmetteurs, générant une masse énergétique et une réalité mentale dans laquelle nous vivons, pour nous développer en tant que véritables humains.

J'insiste sur le tissu spatial, avec son énorme similitude avec notre esprit, pour partager la même structure racine, qui est expansive et qui semble n'avoir aucune limite.

De la même manière que l'esprit humain évolue en expansion, les univers s'étendent à l'infini et nous appellerons dans cet essai cette merveilleuse procédure modulation existentielle. Eh bien, la formule définie et extraordinaire qui sera exécutée à cet effet aura des dimensions incroyables et complexes.

La partie visible de cette affaireil semblait clair et d'un ordre parfait, plus la diversité des formes infinies sera toujours chaos pour la raison humaine en raison de sa complexité, même si elle est d'une éternité parfaitement ordonnée.

Nous considérerons la partie matérielle et mentale de l'existence comme un tissu organique évolutif.

Le tissu neuronal et spatial fait référence à l'organisation et à la distribution des cellules nerveuses dans le cerveau et à sa relation avec les fonctions cognitives et spatiales.

Le tissu neural est constitué de différents types de cellules nerveuses, notamment des neurones et des cellules gliales, qui travaillent ensemble pour traiter l'information et exécuter des fonctions cognitives telles que la mémoire, l'apprentissage et la perception.

Le tissu spatial, quant à lui, fait référence à la manière dont le cerveau traite et représente les informations spatiales, telles que l'emplacement des objets dans l'environnement et la navigation.

Les tissus neuronaux et spatiaux sont étroitement liés et travaillent ensemble pour permettre le traitement d'informations complexes et l'exécution de tâches cognitives complexes.

4 - TEMPS MAGNÉTIQUE :

Les moments pendant lesquels le magnétisme agit déterminent la vitesse de l'évolution, le concept temps magnétique Il n'est pas traité, cependant dans cet écrit je lui donnerai une interprétation personnelle, pour la compréhension et l'étude de la relation magnétique avec la modulation.

Le magnétisme marque des lignes structurelles qui fluctuent dans la conformation spatiale, mais au fil du temps, nous devons observer leurs mouvements et leurs nouvelles formations.

Le statique n'existe que dans des périodes de très longues périodes par rapport aux autres. Le temps magnétique définit la modulation obtenue dans une ligne de lumière expansionniste, et les pentes et diversités de ses formes jouent un rôle éternel, appelé destin relatif.

Le magnétisme au fil du temps fait référence à la variation du champ magnétique au fil du temps.

Le champ magnétique terrestre, par exemple, a subi des changements importants au cours de l'histoire géologique, et ces changements peuvent être détectés et étudiés grâce à des enregistrements géologiques et paléomagnétiques.

De plus, le magnétisme peut également être utilisé pour dater des roches et d'autres matériaux géologiques grâce à la technique connue sous le nom de datation paléomagnétisme.

En résumé, le magnétisme au fil du temps est un concept important en géologie et en physique, et son étude peut fournir des informations précieuses sur l'histoire géologique et l'évolution de notre planète.

4 - MODULATION MAGNÉTIQUE :

La modulation magnétique est la forme que prend la matière, à travers des lignes magnétiques prédisposées par une intelligence existentielle qui compose tout, chaque mouvement d'énergie dans l'univers obéit à cette modulation, y compris les pensées créatrices de tous les êtres impliqués dans cette merveilleuse action.

Le mot « modulation » vient du concept de « mise en forme ».

De la même manière, l'énergie électrique est transformée en un nombre infini de flux électro-spatiaux appelés réseaux magnétiques.

Grâce à ce processus de modulation magnétique, les informations sont transmises et manipulées efficacement en faisant varier l'amplitude du signal magnétique.

L'essence de l'existence est une création perpétuelle, basée sur une transformation éternelle, connue sous le nom d'évolution. Pour la science, la modulation magnétique est une technique de codage de signal utilisée dans la transmission de données.

Elle consiste à faire varier l'amplitude d'un signal magnétique haute fréquence pour représenter une information numérique. La modulation magnétique est utilisée dans diverses applications, telles que l'enregistrement sur bande magnétique et la communication de données sans fil dans les systèmes de contrôle et d'automatisation industriels.

Il est intéressant de réfléchir à la manière dont l'énergie et les lignes magnétiques peuvent être considérées comme un moyen de façonner la matière et à la façon dont tout dans l'univers est connecté via cette modulation.

Il est également vrai que l'évolution et la transformation sont des concepts fondamentaux dans l'existence, c'est pourquoi elles méritent notre étude. Comprenons le fonctionnement neuronal comme un transfert électronique dans l'espace, nos esprits étant ainsi des générateurs biologiques de très haute précision et d'activité constante.

La responsabilité nous incombe, car aujourd'hui nous savons que nos pensées affectent notre environnement, la distance, la fréquence et la puissance, diffèrent en raison de multiples facteurs internes ou externes de chaque être vivant dans ce grand groupe d'êtres pensants.

Prenons soin des périphériques d'entrée, des oreilles, du toucher, du goût, de l'odorat et de la vision, ainsi que de la sortie, de la bouche, des extrémités et surtout célébrons avec vos pensées.

6 – CORRÉLATION EXISTENTIELLE :

Tout et tout le monde dans cette existence a des lignes d'énergie en commun qui nous unissent à l'infini, c'est alors que la forme répond à un seul esprit en expansion.

Notre mission en tant qu'êtres pensants est de nous synchroniser entre nous pourpuis réveille-toi continuellement à la raison unifiée du tout, c'est ici que la liberté individuelle prend fin avec l'assujettissement existentiel du flux évolutif.

Le seul chemin par lequel tout commence et se termine de manière cyclique est la nature même de l'existence dans une forme de vie infiniment diversifiée dans l'éternité du chaos ordonné, qui a toujours existé en créant des temps comme une chronologie éternelle en évolution.

La corrélation existentielle est un terme qui fait référence à l'interconnexion et à la dépendance mutuelle entre toutes les formes de vie et la nature sur la planète.

Cette idée suggère que toutes les formes de vie sont interconnectées et que chaque action que nous entreprenons affecte tout le reste du monde naturel.

La corrélation existentielle est importante car elle nous rappelle que nous faisons partie d'un écosystème plus vaste et que nos actions ont des conséquences sur le monde qui nous entoure.

Il est important de prendre en compte cette interdépendance au moment de prendre des décisions et d'agir de manière responsable et durable pour le bien-être de la planète et de toutes les formes de vie qui l'habitent.

ÉPILOGUE:

La corrélation est une mesure statistique qui indique la relation entre deux variables et est utilisée pour déterminer si une relation existe entre deux ensembles de données et de quel type de relation il s'agit.

La corrélation magnétique fait référence à la relation entre le signal magnétique mesuré dans une image IRM et la structure anatomique du tissu, ce qui permet d'identifier différents types de tissus et structures anatomiques.

La modulation magnétique est une technique de codage de signal utilisée dans la transmission de données et consiste à faire varier l'amplitude d'un signal magnétique haute fréquence pour représenter des informations numériques.

Une corrélation neutre fait référence à l'absence de relation entre deux variables, tandis qu'une corrélation négative fait référence à une relation inverse entre deux variables. Ces concepts sont interconnectés et sont appliqués dans différents domaines d'études, tels que la physique, la psychologie et la médecine.

Après cela, comme information importante, je vous dirai que la corrélation magnétique est d'une importance vitale pour une modulation existentielle, car sans aucune relation, les particules existantes sont isolées et restent au repos jusqu'à ce qu'elles fassent partie d'un système de vie en évolution.

Je dirai sans aucun doute qu'il n'existe que deux types d'énergie, cinétique et esthétique, la première étant l'existence et la seconde en étant l'origine statique.

 EN TANT QUE INGÉNIEUR EN TÉLÉCOMMUNICATIONS, LA CORRÉLATION ENTRE PARTICULES, DÉNONCE DANS MA VIE UNE COMMUNICATION CONSTANTE DE L'EXISTENCE, DANS MON EXPÉRIENCE PERSONNELLE, JE VOUS ASSURE QUE VOS PENSÉES INFLUENT ET SONT INFLUENCÉES PAR LE TOTAL AUTOUR DE VOUS, JE VOUS INVITE À ENTRER DANS LA COMMUNION EXISTENTIELLE.